Bibliografische Information der Deutschen Nationalbibliothek:

Die Deutsche Bibliothek verzeichnet diese Publikation in der Deutschen National-
bibliografie; detaillierte bibliografische Daten sind im Internet über http://dnb.d-
nb.de/ abrufbar.

Impressum:

Copyright © 2016 GRIN Verlag
Druck und Bindung: Books on Demand GmbH, Norderstedt Germany
ISBN: 9783668894303

Dieses Buch bei GRIN:

https://www.grin.com/document/459009

Julia Reuter

Szenarioanalyse zur Entwicklung der Elektromobilität

GRIN Verlag

GRIN - Your knowledge has value

Der GRIN Verlag publiziert seit 1998 wissenschaftliche Arbeiten von Studenten, Hochschullehrern und anderen Akademikern als eBook und gedrucktes Buch. Die Verlagswebsite www.grin.com ist die ideale Plattform zur Veröffentlichung von Hausarbeiten, Abschlussarbeiten, wissenschaftlichen Aufsätzen, Dissertationen und Fachbüchern.

Besuchen Sie uns im Internet:

http://www.grin.com/

http://www.facebook.com/grincom

http://www.twitter.com/grin_com

Modul TIM01

Szenarioanalyse zur Entwicklung der Elektromobilität

Julia Reuter

Inhaltsverzeichnis

Abbildungsverzeichnis

Tabellenverzeichnis

Abkürzungsverzeichnis

GFK	Gestaltungsfeldkomponente
F & E	Forschung und Entwicklung
PKW	Personenkraftwagen

1 Einleitung

„Wir wollen, dass Deutschland der Leitmarkt und der Leitanbieter für Elektromobilität wird." (Kanzlerin Angela Merkel in ihrer wöchentlichen Video-Botschaft, Mai 2011)

Elektromobilität ist die Zukunft. Im Jahr 2020 sollen eine Million Fahrzeuge auf deutschen Straßen rollen - so die ambitionierte Zielsetzung der Bundesregierung.[1] Allerdings ist dies nicht nur eine politische Aufgabe, es ist vor allem eine besondere Herausforderung für die Automobilindustrie. Der Druck auf die Automobilhersteller steigt. Fachkompetenzen aufbauen, Ressourcen einsparen, Emissionswerte senken, alternative Antriebskonzepte entwickeln - wie sind diese Ziele umzusetzen?[2] Wie werden Potenziale genutzt und zukünftige Risiken minimiert? Erste Schritte sind getan. Dennoch ist es der Automobilbranche noch nicht gelungen, funktionierende Geschäftsmodelle zu entwickeln, die bis in den Massenmarkt durchdringen.[3] Ziel dieser Arbeit ist, mit Hilfe einer Szenarioanalyse den Einsatz und die Verbreitung der Elektromobilität für einen Automobilhersteller in einem Zeithorizont von 10 Jahren zu untersuchen. Hierbei beschränkt sich der Untersuchungsgegenstand auf das Produkt des Personenkraftwagens mit Elektromotor eines Automobilherstellers für den Massenmarkt. Im Ergebnis wird ein zukunftsrobustes Leitbild abgeleitet, das die Rahmenbedingungen der Entwicklungsmöglichkeiten des Produktes skizziert.[4] Ferner sollen Maßnahmen herausgearbeitet werden, die zur Erreichung der Marktdurchdringung im 10-jährigen Zeithorizont angesetzt werden können. Hierfür wird zunächst eine Themeneinordnung vorgenommen und Begriffsdefinitionen vorangestellt. Anschließend wird die Szenarioanalyse dargelegt und durchgeführt. Das Fazit bildet den Abschluss der Arbeit und stellt Ergebnisse der Szenarioanalyse zusammen.

2 Themeneinordnung und Definitionen

Die Anforderungen an Unternehmen nehmen stetig zu. Nicht nur die Umwelt stellt hohe Ansprüche an ein Unternehmen, sondern auch die rasante Weiterentwicklung von Technologien drängen Unternehmen immer wieder zur Veränderung. Daher ist es für ein Unternehmen von großer Bedeutung, Zukunftsperspektiven realistisch zu betrachten. Nur so kann ein Unternehmen die zukünftigen Risiken minimieren und Chancen zur richtigen Zeit

---

[1] Vgl. Merkel (2011).
[2] Vgl. Rennhak; Benad (2013), S. 10 ff.
[3] Vgl. Rennhak; Benad (2013), S. 4-5.
[4] Vgl. Gausemeier (1995), S. 129.

ergreifen. Die Szenarioanalyse bildet hierbei eine geeignete Methode für die strategische Vorausschau und leistet einen Beitrag für die Strategieentwicklung des Unternehmens.[5]

2.1 Begriffsklärung Szenario und Szenariomethode

Ein Szenario beschreibt ein komplexes Zukunftsbild. Es sollte die aktuelle Gegebenheit unter Berücksichtigung vernetzter Einflussgrößen weiterentwickeln, bis hin zu der zukünftigen Situation. Die Eintrittswahrscheinlichkeit, basierend auf Projektionen und Vorhersagen, ist demnach unsicher.[6] Die Szenariomethodik ist ein Sammelbegriff. Es ist ein methodologisches Konzept, welches aus vielen Ansätzen mit unterschiedlichen Komplexitätsgraden besteht und in Phasen eingeteilt wird. Innerhalb der Phasen wird auf bestehende Analyseinstrumente und Verfahren zurückgegriffen, wie bspw. Brainstorming oder Cross-Impact-Analyse.[7]

2.2 Definition Elektromobilität

Elektromobilität umfasst alle Fahrzeuge, die ausschließlich oder zum Teil mit elektrischer Energie angetrieben werden. Der benötigte Strom wird aus dem Stromnetz bezogen, von einer Batterie gespeichert und dem Elektromotor zur Verfügung gestellt. Allerdings werden nicht nur die Elektrofahrzeuge, sondern auch die Hybridfahrzeuge unter dem Begriff Elektromobilität zusammengefasst. Hybridfahrzeuge werden durch eine Kombination von einem Verbrennungsmotor und einem Elektromotor angetrieben.[8]

3 Die Vorgehensweise der Szenarioanalyse nach Gausemeier

Die konkrete Vorgehensweise in der Szenarioanalyse ergibt sich durch die Wahl einer bestimmten Methodik.[9] Der Szenarioansatz von Jürgen Gausemeier hat sich besonders in der Praxis bewährt. Dieser Ansatz wird vor allem wegen dem systematischen und gut nachvollziehbaren Vorgehen geschätzt. Demnach ist die Szenarioanalyse nach Gausemeier zur vorliegenden Problembehandlung besonders geeignet. Dieser Szenarioansatz stellt eine Weiterentwicklung des richtungsweisenden und grundlegenden Ansatzes von von Reibnitz dar, auf den im Rahmen dieser Arbeit nicht weiter eingegangen wird.[10] Nachfolgend wird die Thematik der Szenarioanalyse in fünf Phasen behandelt: Die erste Phase ist die Szenariovorbereitung. Diese bildet die Startphase, in deren Rahmen die Ziele der Szenarioanalyse festgehalten werden. Anschließend werden das Gestaltungs- und Szenariofeld definiert und der Ist-Zustand des Gestaltungsfeldes beschrieben. Die zweite

---

[5] Vgl. Mietzner (2009), S. 57.
[6] Vgl. Gausemeier (1995), S. 90.
[7] Vgl. Kosow (2008), S. 18, 19.
[8] Vgl. Yay (2010), S. 41, 43.
[9] Vgl. Kosow (2008), S. 18.
[10] Vgl. Mietzner (2009), S. 117, 130, 132.

Phase bildet die Szenariofeldanalyse. Es beginnt nun die Szenarioerstellung mit der Identifikation der Schlüsselfaktoren. In der dritten Phase Szenarioprognose werden identifizierte Schlüsselfaktoren mit Zukunftsprojektionen aufgezeigt und beschrieben. Der Weg von der Zukunftsprojektion über die Projektionsbündelung und Rohszenarien bis hin zum Szenario wird in der vierten Phase der Szenariobildung beschrieben. Im Szenariotransfer werden die zukunftsrobusten Leitbilder und Ziele entwickelt. Diese fünfte Phase bildet den Abschluss.[11]

3.1 Phase 1: Szenariovorbereitung

3.1.1 Aufgabenschreibung

Es soll mit Hilfe der Szenarioanalyse erarbeitet werden, wie das Produkt optimal am Massenmarkt platziert werden kann. Das betrachtete Produkt eines PKWs mit Elektroantrieb bildet das Gestaltungsfeld. Folglich wird ein Produktszenario entwickelt.[12]

3.1.2 Szenariofeld

Wie bereits festgestellt, bewegt sich die Betrachtung im Gestaltungsfeld des Produktes. Das Szenariofeld soll indes als Umfeld definiert werden, welches den Erfolg des Unternehmens und damit den Erfolg des Produktes beeinflusst. Es bildet darüber hinaus eine Kombination mit dem Gestaltungsfeld. Als Umfeld wird der Markt, die Technik, die Umwelt und Politik in Deutschland begriffen. Somit beinhaltet das Szenariofeld ausschließlich externe, nicht lenkbare Umfeldgrößen, die den Automobilhersteller als Unternehmen von außen beeinflussen.[13]

3.1.3 Gestaltungsfeldanalyse

Die Gestaltungsfeldanalyse beschränkt sich auf ein allgemeines Produktszenario. Es werden in einem ersten Schritt generelle Gestaltungs- und Handlungsoptionen zum Produkt PKW mit Elektromotor erstellt.[14] In einem zweiten Schritt wird eine Stärken-Schwächen-Analyse durchgeführt, um einen Vergleich zum Konkurrenzprodukt PKW mit Verbrennungsmotor zu ziehen.[15] Die Kundenanforderungen finden an dieser Stelle keine Beachtung und fließen in die Gestaltungsfeldanalyse nicht ein. Nachfolgend wird das Produkt PKW mit Elektromotor in einzelne Funktionseinheiten als Gestaltungsfeldkomponenten unterteilt. Die Funktionseinheiten werden so gewählt, dass eine Vergleichbarkeit mit dem

---

[11] Vgl. Gausemeier (1995), S. 120.
[12] Vgl. Gausemeier (1995), S 127.
[13] Vgl. Gausemeier (1995), S. 132 ff.
[14] Vgl. Gausemeier (1995), S. 142.
[15] Vgl. Gausemeier (1995), S. 152.

Konkurrenzprodukt PKW mit Verbrennungsmotor erreicht wird. Folgende Funktionseinheiten sind identifiziert: Antrieb, Energiequelle, Energiespeicher, externer Energiebezug, variable Mobilitätkosten, Emission, Lärmpegel.[16] Im Szenariotransfer wird dann analysiert, welche zukünftigen Entwicklungen die Gestaltungsfeldkomponenten einschlagen können. Zur Veranschaulichung einer Stärken-Schwächen-Analyse werden die GFK mit einer Skala bewertet:

50	Deutlich erkennbare, wesentlich starke GFK im Vergleich zum Konkurrenzfeld
40	Starke GFK im Vergleich zum Konkurrenzfeld
30	Eher stärkere GFK im Vergleich zum Konkurrenzfeld
20	Eher schwächere GFK, im Vergleich zum Konkurrenzfeld leicht zurückliegend
10	Schwache GFK im Vergleich zum Konkurrenzfeld
0	Deutlich erkennbare, wesentlich schwache GFK im Vergleich zum Konkurrenzfeld

Tab. 1: Beschreibung der Skala

Nun erfolgt die Bewertung der identifizierten Funktionseinheiten des Produktes und des zum Vergleich herangezogenen Konkurrenzproduktes:

	Antrieb	Energiequelle	Energie-speicher	Externer Energiebezug	variable Mobilitäts-kosten	Emission	Lärmpegel
PKW mit Elektromotor	50	50	20	10	50	50	50
PKW mit Verbrennungsmotor	20	20	50	50	20	0	10

Tab. 2: Vergleich zw. PKW mit Elektromotor und PKW mit Verbrennungsmotor

Anschließend werden die Bewertungen zur besseren Veranschaulichung in ein Diagramm übertragen:

---

[16] Vgl. Yay (2010), S. 50.

4

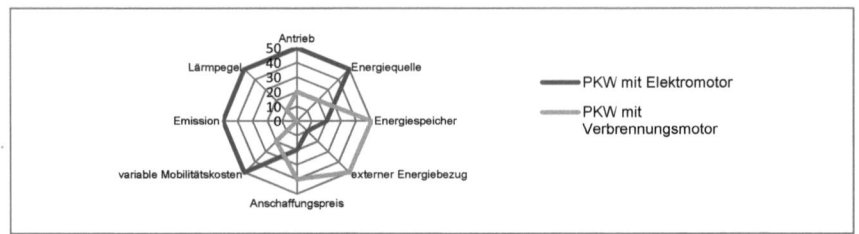

Abb. 1: Visualisierung der Stärken-Schwächen-Analyse[17]

3.2 Phase 2: Szenariofeldanalyse

3.2.1 Bildung von Einflussbereichen

Das Szenariofeld stellt die Grundlage für die Bildung von Einflussbereichen dar. Die Elemente des Szenariofelds werden in Subsysteme und anschließend in Teilsysteme aufgeschlüsselt. Nachfolgende Graphik veranschaulicht dies:

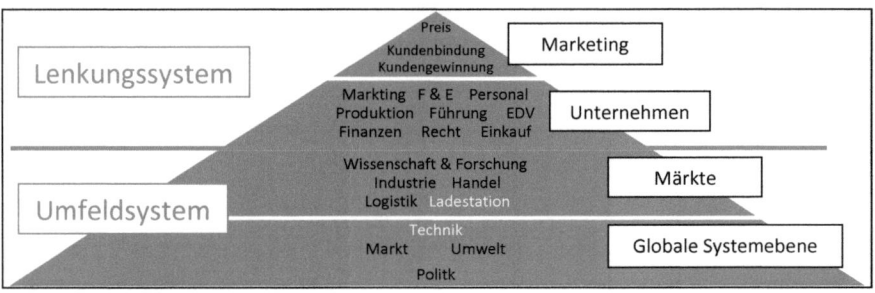

Abb. 2: Darstellung der Systemhierarchie[18]

Der rote Strich signalisiert die Trennung zwischen direkt beeinflussbare Lenkungsbereiche und nicht direkt beeinflussbare Umfeldbereiche.[19] Die weiß hinterlegten Begriffe innerhalb der Ebenen sind Einflussbereiche, die für das Szenariofeld von besonderer Bedeutung sind und deswegen speziell gewichtet werden.[20] Aufgrund des begrenzten Umfangs der Arbeit werden nur zwei Einflussbereiche speziell hervorgehoben: die „Technik" als globale Systemebene, die wiederum die „Ladestation" als nachfolgende Systemebene umschließt.

---

[17] Eigene Darstellung in Anlehnung an Yay (2010), S. 42, 50.
[18] Eigene Darstellung einer Systemhierarchie in Anlehnung an Gausemeier (1995), S. 170.
[19] Vgl. Gausemeier (1995), S. 169-171.
[20] Vgl. Gausemeier (1995), S. 171.

3.2.2 Benennung von Schlüsselfaktoren

Die Einflussbereiche werden wiederum als Systeme aufgefasst und systematisch in Elemente bzw. Schlüsselfaktoren unterteilt. Dabei werden die Schlüsselfaktoren so gewählt, dass im Nachgang ein schlüssiges Zukunftsszenario gebildet werden kann. Das System „Technik" beinhaltet folgende unteranderem bedeutende Schlüsselfaktoren:

- Elektromotor: wird mit der nötigen Energie von einer Batterie versorgt[21]
- Batterietechnologie: Akkumulator als Energiespeicher, wird extern aufgeladen, speichert Energie und stellt sie zur Verfügung
- Fahrzeuginnenraum: spezielle Kriterien der Leichtbauanforderungen an den Innenraum[22]
- Wartung: technischer Support von Werkstätten

Das System „Ladestation" beinhaltet unteranderem folgende bedeutende Schlüsselfaktoren:

- Ladestationsnetz: Die Dichte des Ladestationsnetzes
- Zahlsystem: Bezahlweise der Kunden nach erfolgter Ladung
- Betreiber Ladestation: Betreiber und Zuständigkeit der Wartung
- Normung: Der Ladestecker des Fahrzeugmodells passt in die Ladestation[23].

3.3 Phase 3: Szenarioprognostik

3.3.1 Aufbereitung von Schlüsselfaktoren

Aufgrund des begrenzten Umfangs der Arbeit werden ausschließlich die Schlüsselfaktoren „Batterie" und „Ladestationsnetz" aufbereitet und mit Merkmalen beschrieben. Ziel ist es die Schlüsselfaktoren „auf die Vorausschau" vorzubereiten.[24] Demnach wird „Batterie" mit dem Merkmal „Leistungskapazität" behaftet und „Ladestationsnetz" mit dem Merkmal „Netzdichte".

3.3.2 Bildung der Zukunftsprojektion und Eintrittswahrscheinlichkeiten

Zunächst werden mögliche Zukunftsprojektionen ermittelt. Hierbei wird die mögliche Entwicklung fortgeschrieben und jeweils drei Varianten skizziert. Dabei ist es auch legitim einzelne Merkmale zu überzeichnen.[25]

---

[21] Vgl. Yay (2010), S. 48.
[22] Vgl. Jung (2015), S 167.
[23] Sämtlich identifizierten Schlüsselfaktoren des Systems „Ladestationen" beruhen auf eigenen Überlegungen.
[24] Vgl. Gausemeier (1995), S. 228.
[25] Vgl. Gausemeier (1995), 232.

Nr.	Schlüsselfaktor	Merkmal	Mögliche Zukunftsprojektionen, Zeithorizont 10 Jahre
1.	Batterie	Leistungs- kapazität	Projektion A: Leistungskapazität bleibt gleich (0,3)
			Projektion B: Leistungskapazität leicht verbessert (0,5)
			Projektion C: Leistungskapazität steigt extrem (0,2)
2.	Ladestationsnetz	Netzdichte	Projektion A: ländliche Gegenden keine Ladestationen, in Städten vereinzelt Ladestationen (0,3)
			Projektion B: ländliche Gegenden keine Ladestationen, in Städten hohe Netzdichte (0,6)
			Projektion C: ländliche Gegend vereinzelt Ladestationen, in Städten sehr hohe Netzdichte (0,1)

Tab. 3: Zukunftsprojektionen mit Eintrittswahrscheinlichkeiten

Die Verteilung der Eintrittswahrscheinlichkeiten (in der Tabelle als Zahlenwert in Klammern) wurde so gewählt, dass die Summe der Projektionen der Schlüsselfaktoren den Wert 1 ergibt.[26] Die Bestimmung der Eintrittswahrscheinlichkeiten beruht auf Erfahrungen der letzten Jahre und stellt lediglich eine Einschätzung dar, wie wahrscheinlich die Fortentwicklung der nächsten 10 Jahre gestaltet sein könnte.

3.4 Phase 4: Szenariobildung

3.4.1 Induktive Projektionsbündelung

Die festgelegten Projektionen der zwei Schlüsselfaktoren werden alle miteinander kombiniert. Zuvor ist darauf zu achten, dass die Projektionsbündelung absolut glaubwürdig und widerspruchsfrei ist – ein gegenseitiger Ausschluss muss vermieden werden.[27] Im vorliegenden Fall kann dies absolut ausgeschlossen werden. Die Projektionen der zwei Schlüsselfaktoren bedingen sich nicht gegenseitig und können unabhängige voneinander realistische Entwicklungen vollziehen.

3.4.2 Rohszenariobildung

Da pro Schlüsselfaktor jeweils drei Projektionen festgelegt wurden, können 3^2 Projektionsbündel erstellt werden. Bei komplexeren Szenarioprojekten empfiehlt sich eine Zusammenfassung von ähnlichen Projektionsbündeln mit Hilfe der Clusteranalyse. Danach kann über eine geeignete Anzahl von Rohszenarien entschieden werden. Dieses Vorgehen wird außer Acht gelassen, da durch die stark begrenzte Bündelzahl eine komplizierte

---

[26] Vgl. Gausemeier (1995), S. 241.
[27] Vgl. Gausemeier (1995), S. 254.

Clusteranalyse nicht im Verhältnis steht. Eine andere, vereinfachte Vorgehensweise schlägt eine begrenzte Auswahl von Bündeln nach geeigneten Kriterien vor. Das Bündel wird direkt als Szenario interpretiert.[28] Demzufolge ergibt sich das weitere Vorgehen: Durch die Multiplikation der Eintrittswahrscheinlichkeitswerte der einzelnen Kombinationen wird das am wahrscheinlichste und das am unwahrscheinlichste Kombinationsbündel herausgezogen und interpretiert. Die nachfolgende Tabelle zeigt alle Kombinationen und Eintrittswahrscheinlichkeiten auf:

Kombination	1A x 2A	1A x 2B	1A x 2C	1B x 2A	1B x 2B	1B x 2C	1C x 2A	1C x 2B	1C x 2C
Multiplikation der Eintrittswahrscheinlichkeiten	0,3 * 0,3	0,3 *	0,3 * 0,6	05 * 0,3	0,5 *	0,5 * 0,6	0,2 * 0,1	0,2 * 0,3	0,2 * 0,6
									0,1
Eintrittswahrscheinlichkeit der Projektionsbündel	0,09	0,18	0,03	0,15	0,30	0,05	0,06	0,12	0,02

Tab. 4: Berechnung der Eintrittswahrscheinlichkeiten der Projektionsbündel

Somit hat die Kombination „Leistungskapazität leicht verbessert" und „ländliche Gegenden keine Ladestationen, in Städten hohe Netzdichte" die höchste Eintrittswahrscheinlichkeit von 30 % (nachfolgend Szenario 1 genannt). Des Weiteren wurde die Kombination „Leistungskapazität steigt extrem" und „ländliche Gegend vereinzelt Ladestationen, in Städten sehr hohe Netzdichte" mit der niedrigsten Eintrittswahrscheinlichkeit in Höhe von 2 % identifiziert (nachfolgend Szenario 2 genannt).

3.4.3   Szenariobeschreibung

In der Szenariobeschreibung werden die Kombinationen ausformuliert festgehalten. Dabei werden die Zusammenhänge konstruiert und erläutert. Es ist durchaus angebracht, hierbei kreativ vorzugehen oder eine Vision zu skizzieren. Der Vorteil ist, dass Außenstehende die Möglichkeit bekommen, schnell den Weg von der Gegenwart in die Zukunft zu erfassen.

Szenario 1: Der langsame Weg zur Elektromobilität

Durch   kostspielige   Innovationsentwicklungen   der   Automobilhersteller   und Forschungsförderung der Bundesregierung kann ein Fortschritt bzgl. der Batterietechnologie und damit einhergehend eine Leistungssteigerung der Akkumulatoren erzielt werden.

---

[28] Vgl. Gausemeier (1995), S. 272.

Demnach ist zu erwarten, dass Elektrofahrzeuge in der Lage sein werden, größere Distanzen von bis zu 300 km zurückzulegen - wohingegen momentan gerade einmal 100 km Reichweite die Regel ist. Auch ein Ausbau des Ladestationsnetzes in den Ballungsgebieten stellt eine stetige und positive Entwicklung dar. So können die Zulassungszahlen der PKWs mit Elektroantrieb leicht gesteigert werden. Um das Elektrofahrzeug für den Endverbraucher attraktiver zu gestalten, setzt die Politik auf Subventionen beim Kauf oder kostenlose Parkmöglichkeiten für Elektrofahrzeugbesitzer in den Großstädten. Eine merkliche Verkaufszahlensteigerung wird die Automobilherstellerbranche jedoch nicht verzeichnen können, sodass von einer Trendwende in den nächsten 10 Jahren nicht auszugehen ist.

Szenario 2: Die Trendwende

Durch einen bevorstehenden Entwicklungsdurchbruch bzgl. der Leistungsfähigkeit der Batterien werden PKWs mit Elektromotor Distanzen von bis zu 800 km mit einer einzigen Ladung überwinden können. Dadurch steigt die Produktattraktivität für den Endverbraucher immens. Steigende Ausbauzahlen werden auch im Bereich des Ladestationsnetzes zu verzeichnen sein. In den urbanen Ballungsgebieten wird ein dichtes Ladestationsnetz Standard sein, aber auch in den ländlichen Gegenden steigen die Ladestationszahlen rapide an. In der Bevölkerung sind Elektroautos zum Trend und Statussymbol geworden. Die Automobilherstellerbranche kann sich auf Rekordverkaufszahlen einstellen, sodass Deutschland zum weltweiten Vorreiter im Bereich Elektromobilität werden wird.

3.5   Phase 5: Szenariotransfer

3.5.1 Auswirkungsanalyse
Mit Hilfe der Auswirkungsanalyse werden die Chancen und Risiken der Szenarien in Bezug auf die Gestaltungsfeldkomponenten ermittelt. Gleichzeitig werden Auswirkungen des Szenarios auf die einzelnen GFKs abgeleitet. Diese Auswirkungen sind allgemein auf das Produkt und das Unternehmen bezogen.[29]

---

[29] Vgl. Gausemeier (1995), S. 378, 379.

Funktions- einheiten	Szenario 1 + Chance/ - Risiko Auswirkungen	Szenario 2 + Chance/ - Risiko Auswirkungen
Antrieb	+ CO_2-Emission geringer; - Keine Kaufentscheidung	+ CO_2-Emission geringer - Lieferschwierigkeiten durch hohe Nachfrage
	Für Kaufentscheidung nicht wichtig[30]	Für Kaufentscheidung nicht wichtig
Energie- speicher	+ leichte Reichweitensteigerung - Kostenhöhe F&E	+ stetig hohe Produktnachfrage - Entsorgung Batterie
	Produktattraktivität zu niedrig; Gefährdung Finanzlage Unternehmen	Marktdurchdringung Ökologigische Risiken
externer Energie- bezug	+ Produktattraktivität steigt leicht - immer noch uninteressant für Kunden auf dem Land	+ Produktakzeptanz steigt stark - Wartung Ladesäulen
	Produktattraktivität steigt leicht	Marktdurchdringung
variable Mobilitäts- kosten	+ geringer als beim konventionellen Antrieb - Anstieg durch hohe Strompreise	+ geringer als beim konventionellen Antrieb - Anstieg durch hohe Strompreise
	Produktattraktivität wenig, allerdings Kundeninteresse gering	Preisattraktivität gegenüber PKW, Macht der Stromanbieter erhöht sich
Lärmpegel	+ Lärmbelästigung in Großstädten sinkt leicht - Verkehrsunfälle nehmen zu	+ Lärmbelästigung sinkt - rapider Anstieg Verkehrsunfälle
	Unmut der Verkehrsteilnehmer über steigende Unfallzahlen	Erhöhung der Lebensqualität durch reduzierte Lärmbelästigung; Unmut über erhöhte Unfallzahlen

Tab. 5: Auswirkungsanalyse[31]

---

[30] Vgl. Schühle (2014), S. 190.
[31] Eigene Darstellung in Anlehnung an Gausemeier (1995), S. 380.

3.5.2 Eventualplanung

Zur Chancennutzung und Risikominimierung werden Maßnahmen zu den einzelnen GFKs pro Szenario herausgearbeitet. Somit entsteht ein Eventualplan. Im Ergebnis werden zu jedem Szenario allgemeine Strategien abgeleitet. In die Strategien fließen nicht alle Maßnahmenaspekte ein.[32] So stellen bspw. die identifizierten Maßnahmen zur Verringerung der Unfallgefahr durch den geringen Lärmpegel einen vernachlässigbaren Faktor dar. Zur besseren Veranschaulichung empfiehlt sich eine Tabelle:

GFK	Maßnahmen Szenario 1	Maßnahmen Szenario 2
Antrieb	Kundenbefragung einleiten	
Energie-speicher	gezielte Marktbearbeitung zur Erhöhung der Verkaufszahlen	Leasingkonzepte für Batterien, Batterierecycling; Überzeugung umweltbewusste Verbraucher zur dauerhaften Kundenbindung
Energie-bezug	Netzausbau vorantreiben durch Kooperationen mit der Energieindustrie, Ermittlung neuer Netzausbaustrategien	unternehmenseigener Vertrieb von Ladesäulen mit zusätzlichem Wartungsservice stellt ein weiteres Element zur Kundenbindung dar
variable Mobilitäts-kosten	Gezielte Ausrichtung von Werbebotschaften	Produktion preisgünstige PKWs, so dass die Kunden unsensibler gegenüber Kostenerhöhungen werden
Lärmpegel	Durch Öffentlichkeitsarbeit und Aufklärungskampagnen können Unfallzahlen eingedämmt werden, Sicherheitssysteme in PKWs anpassen/entwickeln	
Eventual-strategie	Identifizierung Kundenwünsche; Ableitung Marketingmaßnahmen; branchenübergreifende Kooperationen fördern	Serviceausbau, Erweiterung des Produktportfolios; Ausbau von Unternehmens-Know-How

Tab. 6: Eventualplan mit Eventualstrategie

3.5.3 Ableitung eines zukunftsrobusten Leitbildes

Das zukunftsrobuste Leitbild stellt nur einen der vier Teilschritte dar, um eine zukunftsrobuste Strategie zu entwickeln. Aufgrund der Begrenzung der Arbeit, soll nur beispielhaft ein entsprechendes Leitbild erstellt werden. Durch die vorangegangene Analyse kann ein Leitbild transferiert werden, dass die höchsten Unternehmensziele einschließt und möglichst beständig

---

[32] Vgl. Gausemeier (1995), S. 378 – 380.

gegenüber unvorhersehbaren Zukunftsentwicklungen ist. Ziel ist es, den beiden Szenarien gerecht zu werden. Als zentraler Betrachtungspunkt soll an dieser Stelle der Kunde als Stakeholder mit einbezogen werden. Der Kunde möchte ein kostengünstiges Fahrzeug mit möglichst hohem Nutzenwert. Werden die Kundenwünsche nicht berücksichtigt, wird das Produkt scheitern. [33] Daher lässt sich folgendes zukunftsrobustes Leitbild für das Produkt ableiten: Neben der Optimierung technischer Bestandteile ist es oberstes Ziel, den Mobilitätsanforderungen der Kunden gerecht zu werden.

4 Fazit

Anliegen dieser Arbeit war es, die Verbreitung der Elektromobilität für einen Automobilhersteller mit Hilfe der Szenarioanalyse in einem Zeithorizont von 10 Jahre zu untersuchen. Nach einer kurzen Themeneinordnung und Begriffsdefinitionen wurde die Szenarioanalyse in ihren fünf Phase durchgeführt. Hierbei wurde das Szenario vorbereitet, die Schlüsselfaktoren identifiziert und dazugehörige Entwicklungsmöglichkeiten erarbeitet. Danach wurden zwei Szenarien beschrieben und darauf ein zukunftsrobustes Leitbild benannt. Aufgrund des stark begrenzten Umfangs fanden einige wichtige methodische Verfahren keine Anwendung, wie beispielsweise die Clusteranalyse. Ferner sind die Kundenaspekte nur oberflächlich betrachtet worden. Auch eine abschließende zukunftsrobuste Strategie, in die das Leitbild unteranderem einfließt, konnte nicht entwickelt werden. Somit stellt das erstellte Leitbild ein folgerichtiges, allerdings unspezifisches Ergebnis dar. Die Szenarioanalyse stellt eine geignet Methode dar, um das Erkennen von Zukunftschancen und –risiken zu ermitteln. Diffuse Unsicherheiten werden fassbarer. Reicht heutiges Wissen über die Zukunft nicht aus oder sollen alternative Zukunftsmöglichkeiten in den Betrachtungsfokus gerückt werden, kann die Szenarioanalyse die Betrachtungsperspektiven aufzeigen. [34]

---

[33] Vgl. Gausemeier (1995), S. 366 - 369.
[34] Vgl. Kosow (2008), S. 71, 72.

Literaturverzeichnis

Gausemeier, J. ; Fink, A. ; Schlake, O.
Szenario-Management : Planen und Führen mit Szenarien, München [u.a.] 1995.

Jung, B.
Die Entscheidung über die Unternehmensgrenze bei radikaler technologischer Veränderung: Das Beispiel der Automobilindustrie im Übergang in die Elektromobilität, Wiesbaden 2015.

Kosow, H.; Gaßner, R.
Methoden der Zukunfts- und Szenarioanalyse, Überblick, Bewertung und Auswahlkriterien. In: Werkstatt Bericht Nr. 103, Berlin 2008, URL: https://www.izt.de/fileadmin/downloads/pdf/IZT_WB103.pdf, Abruf vom 31.03.2016.

Langbehn, Arno
Praxishandbuch Produktentwicklung: Grundlagen, Instrumente und Beispiele, Frankfurt am Main 2010.

Merkel, A.
Textversion Video-Botschaft, 2011, URL: https://www.bundeskanzlerin.de/Content/DE/Podcast/2011/2011-05-14-Video-Podcast/links/2011-05-14-text.pdf;jsessionid=8C7445E2232DABE7C93FD0A92C2868F1.s1t2?__blob=publicationFile&v=1, Abruf vom 05.04.2016.

Mietzner, D.
Strategische Vorausschau und Szenarioanalysen – Methodenevaluation und neue Ansätze, Wiesbaden 2009.

Müller, C.; Benad, H.; Rennhak, C.

Neue Geschäftsmodelle und Ertragspotenziale alternativer Antriebstechnologien von morgen.

In: Rennhak, C. (Hrsg.): Zukunftsfeld Elektromobilität, Band 7, Stuttgart 2013.

Müller-Prothmann, T.; Dörr, N.

Innovationsmanagement : Strategien, Methoden und Werkzeuge für systematische

Innovationsprozesse, München 2014.

Rennhak, C.; Benad, H.

Wo bleibt ein stimmiges Gesamtkonzept für den Zukunftsmarkt Mobilität? In: Rennhak, C.

(Hrsg.): Zukunftsfeld Elektromobilität, Band 7, Stuttgart 2013.

Schühle, F.

Die Marktdurchdringung der Elektromobilität in Deutschland – eine Akzeptanz- und

Absatzprognose. In: Lindstädt, H. (Hrsg.): Schriften zu Management, Organisation und

Information, Band 45, München 2014.

Yay, Mehmet

Elektromobilität: Theoretische Grundlagen, Herausforderungen, sowie Chancen und Risiken

der Elektromobilität, diskutiert an den Umsetzungsmöglichkeiten in die Praxis, Frankfurt am

Main 2010.